BEI GRIN MACHT SICH IHR WISSEN BEZAHLT

- Wir veröffentlichen Ihre Hausarbeit, Bachelor- und Masterarbeit

- Ihr eigenes eBook und Buch - weltweit in allen wichtigen Shops

- Verdienen Sie an jedem Verkauf

Jetzt bei www.GRIN.com hochladen und kostenlos publizieren

Bibliografische Information der Deutschen Nationalbibliothek:

Die Deutsche Bibliothek verzeichnet diese Publikation in der Deutschen National-
bibliografie; detaillierte bibliografische Daten sind im Internet über http://dnb.d-
nb.de/ abrufbar.

Impressum:

Copyright © 2017 GRIN Verlag
Druck und Bindung: Books on Demand GmbH, Norderstedt Germany
ISBN: 9783668860360

Dieses Buch bei GRIN:

https://www.grin.com/document/448448

David Kunz

Das Blockheizkraftwerk. Ein Überblick für Bauherren und Interessenten

Über die Funktionsweise einer ökologischen und wirtschaftlichen Alternative zu anderen Heizungssystemen

GRIN Verlag

Gymnasium Gaimersheim

Seminararbeit aus dem
wissenschaftspropädeutischen Seminar
„Energie- und Gebäudetechnik"
im Fach Physik

Das Blockheizkraftwerk

Angefertigt von	David Kunz
Abiturjahrgang	2016/18
Kursleiter	StR M. P.

Gaimersheim, den 6. November 2017

Inhaltsverzeichnis

1. Ressourcenschonendes Heizen mittels Blockheizkraftwerk

Trotz angestrebter Energiewende wird der Großteil der Stromerzeugung in Deutschland noch immer von den fossilen Brennstoffen Erdöl, Braun-/Steinkohle und Uran gestellt.[1] Auch wenn die Technologien dahinter zuverlässig und billig Strom, als auch Wärme liefern könnten, so hat sich unsere Zivilisation dennoch mit deren negativen Auswirkungen herumzuschlagen, wie etwa der mitunter massive Ausstoß klimaschädlicher Treibhausgase, die hohen Verlustraten bei der Energieumwandlung, und die über allem schwebende Gewissheit, dass diese Rohstoffe endlich sind. In der heutigen Zeit wird das verantwortungsbewusste Umgehen mit fossilen Brennstoffen somit immer bedeutender, stellt doch die Energiegewinnung aus Kohle und Erdöl/-gas den Großteil der weltweiten Treibhausgas-Emissionen dar.[2] Blockheizkraftwerke (BHKW) bieten eine äußerst effiziente Nutzung der verwendeten Energieträger und wurden daher aufgrund ihrer umweltschonenden Funktionsweise bereits mehrfach ausgezeichnet. So bezeichnete sie Gerd Billen, Vorsitzender der Jury des Umweltzeichens „Blauer Engel", als wichtigen Beitrag zur Verringerung des Energieeinsatzes und des Kohlendioxid-Ausstoßes, sowie als Unterstützung im Ausbau der dezentralen Energieversorgung.[3] Die Kraft-Wärme-Kopplung (KWK) garantiert durch die gekoppelte Erzeugung von Elektrizität und Wärme eine bestmögliche Nutzung der Verwendeten Brennstoffe und trägt damit zum umweltschonenden Heizen bei. Obwohl das Blockheizkraftwerk mittlerweile technisch sehr ausgereift ist, mangelt es ihm noch immer an der nötigen Popularität, um zu den etablierten Heizsystemen gezählt zu werden. Im Folgenden wird zunächst das Blockheizkraftwerk an sich dargestellt. Im weiteren Verlauf folgen Analysen bezüglich des Einsatzortes, den Vorzügen gegenüber anderen Heizarten und der Wirtschaftlichkeit. Außerdem wurde zur Veranschaulichung eines realen Betriebes ein Eigentümer und Betreiber eines Blockheizkraftwerkes befragt (Mitschrift im Anhang). Schließlich wird noch ein Ausblick auf die weitere Entwicklung der BHKW-Technologie gegeben.

---

[1] **AG Energiebilanzen e.V.** (Hrsg., 2017): Struktur der Stromerzeugung in Deutschland 2016.
https://www.strom-magazin.de/bilder/stromerzeugung-2016_0000w1000_6877.jpg (Stand: 01.10.17)
[2] **Bundeszentrale für politische Bildung** (Hrsg.,2017): Vom Menschen gemacht. Zuordnung der Treibhausgase zu menschlichen Aktivitäten.
http://www.bpb.de/gesellschaft/umwelt/klimawandel/38441/anthropogener-treibhauseffekt (Stand: 10.09.17)
[3] **Bundesministerium für Umwelt, Naturschutz, Bau und Reaktorsicherheit** (Hrsg., 2005): Blauer Engel für Klimaschutz und Energieeinsparung. Neue Umweltzeichen für gasbetriebene Wärmepumpen und für Mini-Blockheizkraftwerke.
http://www.bmub.bund.de/pressemitteilung/blauer-engel-fuer-klimaschutz-und-energieeinsparung/ (Stand: 10.09.17)

2. Das Blockheizkraftwerk und seine Komponenten

Das BHKW ist - vereinfacht - eine kompakte Einheit, welche aus der Energie eines Brennstoffes unter der Verwendung der Kraft-Wärme-Kopplung sowohl elektrische, als auch thermische Energie bereitstellt.

Abbildung 1: Der schematische Aufbau eines BHKW

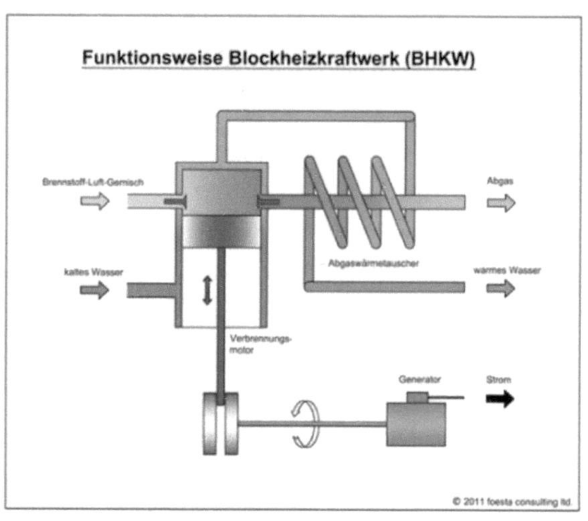

Es handelt sich hierbei hauptsächlich um ein Heizungssystem, welches zusätzlich Strom erzeugt; die Wärmeleistung ist somit im Normalfall deutlich höher als die elektrische Leistung. Die Besonderheit des Systems besteht darin, dass im Gegensatz zu anderen Prozessen beide Größen aktiv genutzt werden, und nicht eine Größe unerwünscht an die Umwelt abgegeben wird. Ebendiese charakteristische Eigenschaft zählt auch Familie W. zu ihren Argumenten für die Investition: „Wir entschieden uns schließlich für ein Blockheizkraftwerk, da gemäß seiner Technologie neben Nutzwärme für den Haushalt zusätzlich Strom produziert wird."[4] Darüber hinaus wird von der Idee, eine zentrale Anlage zur Energieversorgung zu nutzen, Abstand genommen. Stattdessen stellt das Blockheizkraftwerk Strom und Primärwärme direkt am Ort des Verbrauchs her, was den

---

[4] Vgl. Interview im Anhang

Wirkungsgrad des Prozesses immens erhöht.[5] Der Brennstoff wird zunächst dem Motor zugeführt. Dieser stellt somit durch die Verbrennung, ähnlich wie bei einem Fahrzeug, kinetische und thermische Energie bereit. Ein mit dem Motor verbundener Drehstromgenerator wandelt die Bewegungsenergie nun in elektrischen Strom um. Die mitunter sehr heißen Abgase aus dem Verbrennungsprozess werden vor der Abgabe an die Umwelt durch einen Wärmetauscher geleitet, welcher durch einen Wasserkreislauf gespeist wird. Somit wird auch die Wärme der Verbrennung nutzbar. Verwendung findet die somit erhaltene thermische Energie bei der Erhitzung von Brauchwasser, oder zum Heizen; möglich sind außerdem die Bereitstellung von Prozesswärme, sowie das Klimatisieren von Gebäuden mittels Absorptions- und Adsorptionswärmepumpen.[6] Alternativ ist es zudem möglich, den konventionellen Verbrennungsmotor durch einen Stirlingmotor mit externer Wärmequelle zu ersetzen. Bei dieser Variante des BHKW steht dem Betreiber eine größere Auswahl an Brennstoffen zu Verfügung, da dieser Motor nicht mit Verbrennung, sondern mit Druckunterschieden arbeitet. Stirlingmotoren arbeiten leise und störungsarm, weisen jedoch gleichzeitig geringe Emissionswerte und eine kompakte Bauweise auf. Blockheizkraftwerke dieser Bauart eignen sich besonders für kleinere Objekte.[7] Zusätzlich zu dem kompakten BHKW-Modul empfiehlt sich die Verwendung eines Wärmespeichers, um anfallende Wärme bei Nichtbedarf zu speichern. Hierdurch verbessert sich die Leistungsfähigkeit und die Wirtschaftlichkeit des Geräts, da es auch bei geringerem Wärmebedarf maximal ausgelastet werden kann. Außerdem kann somit die Lebensdauer des Motors erheblich verlängert werden, da das System seltener Abschaltet und pro Startvorgang länger in Betrieb ist.[8]

---

[5] **Christian Münch GmbH** (Hrsg., 2016): Blockheizkraftwerk. Leistungsbereiche.
http://www.blockheizkraftwerk.org/ (Stand: 07.09.17)
[6] **Christian Münch GmbH** (Hrsg., 2016): Blockheizkraftwerk. Funktionsweise und Nutzungsmöglichkeiten.
http://www.blockheizkraftwerk.org/ (Stand: 06.09.17)
[7] **Christian Münch GmbH** (Hrsg., 2016): Blockheizkraftwerke mit Stirlingmotor. Wirkungsgrad und Vorteile.
http://www.blockheizkraftwerk.org/stirlingmotor (Stand: 07.09.17)
[8] Klingebiel 2009, S.18

3. Verschiedene Ausführungen der Anlage

3.1 Auslegung nach der Leistung

3.1.1 Das Mikro-BHKW

Das sog. Mikro-BHKW stellt mit bis zu 15kW elektrischer Leistung die kleinste Ausführung des Blockheizkraftwerkes dar und eignet sich besonders für die Strom- und Wärmeversorgung von Ein- und Zweifamilienhäuser.[9] Mikro-BHKWs zeichnen sich durch ihre platzsparende Bauweise aus und bieten zudem die Option, die Anlage direkt mit dem Gasanschluss des Hauses zu verbinden, wobei Erdgas als Brennstoff dient. Die Anlage von Familie W. fällt mit „momentan 5,3kW elektrischer Leistung und 14kW thermischer Leistung" in die Größenordnung der Mikro-Blockheizkraftwerke.[10]

Abbildung 2: Das BHKW-Modul der Familie W.

3.1.2 Das Mini-BHKW

Mit einer maximalen elektrischen Leistung von 50kW stellt das Mini-BHKW die nächst größere Ausführung dar. Die Abmessungen sind jedoch so gehalten, dass es in einem bestehenden Objekt installiert werden kann. Möglich ist auch die gemeinsame Energieversorgung über ein sog. Nahwärmenetz, bei dem mehrere Gebäude bzw. Gebäude-

---

[9] **Christian Münch GmbH** (Hrsg., 2016): Mikro-BHKW.
http://www.blockheizkraftwerk.org/mikro-bhkw (Stand: 08.09.17)
[10] Vgl. Interview im Anhang

komplexe über Warmwasserleitungen mit sehr geringen Transportverlusten unterirdisch miteinander verbunden werden.[11]

3.1.3 Das Heizkraftwerk

Als Blockheizkraftwerke oder Heizkraftwerke werden Anlagen in einem Leistungsbereich von einigen 100kw elektrischer Leistung bezeichnet. Ihre Ausmaße machen einen nachträglichen Einbau oder Umrüstung sehr schwierig, weshalb sie meist im industriellen Bereich als Kraftwerke für bestimmte Anlagen oder größere Gebäude dienen.

3.2 Auslegung nach dem Verwendungszweck

3.2.1 Stromerzeugung

Stromgeführte Blockheizkraftwerke haben die Bereitstellung von elektrischer Energie als primäres Ziel. Zum Einsatz kommen solche Anlagen meistens entweder in Gebieten mit keiner bzw. schlechter öffentlichen Stromversorgung, wie beispielsweise einer Insel. Aber auch, wenn das Heizkraftwerk ausschließlich mit nachwachsendem Brennstoff betrieben wird, da hierbei auf wirtschaftlicher Seite hohe Gewinne aufgrund der Einspeisung in das öffentliche Netz zu erwarten sind. Außerdem eignet sich diese Ausführung als Notstromaggregat, weil das BHKW im Störungsfall ohne große Verzögerungen Elektrizität bereitstellen kann.[12] Da gemäß der Kraft-Wärme-Kopplung dennoch Nutzwärme anfällt, kann diese in einem Pufferspeicher zwischengelagert werden. Allerdings entspricht dies nicht mehr dem Gedanken von effizienter und gleichzeitiger Nutzung von elektrischer und thermischer Energie.

---

[11] **Christian Münch GmbH** (Hrsg., 2016): Mini-BHKW. Komponenten und Funktionsweise. http://www.blockheizkraftwerk.org/mini-bhkw (Stand: 11.09.17)

[12] **Scon-marketing GmbH** (Hrsg., 2017): Die verschiedenen Betriebsarten von BHKW. Der stromgeführte Betrieb eines BHKW. https://ihr-bhkw.de/betrieb-und-betriebsarten (Stand: 16.09.17)

3.2.2 Wärmegewinnung

Wärmegeführte BHKWs sind besonders in Gebäuden sinnvoll, da der Bedarf an Wärme im Vergleich zu Strom weniger starken Schwankungen unterliegt. Die erzeugte thermische Energie kann direkt am Ort der Erzeugung verwendet werden. Auch in dieser Ausführung fällt gemäß des KWK-Prinzips zusätzlich Strom an, aber die Zwischenspeicherung bzw. direkte Einspeisung in das Stromnetz gestaltet sich wesentlich einfacher. Auf Wärmegewinnung ausgelegte Blockheizkraftwerke richten sich nach einer gewissen Grundlast; das ist der minimale Wärmebedarf welcher nicht unterschritten wird. Dahinter steht die Absicht, das Blockheizkraftwerk möglichst selten abzuschalten, um dem Motor zu schonen und maximale Effizienz zu gewährleisten.[13]

3.2.3 Netzeinspeisung

Ähnlich wie bei einem stromgeführten Bockheizkraftwerk liegt bei einer Netzführung der Fokus ebenfalls auf der größtmöglichen Erzeugung von elektrischer Energie. Auch ein Speichersystem für die kontinuierlich anfallende thermische Energie wird benötigt. Der Unterschied besteht in der Steuerung der Anlage: Während das Stromgeführte BHKW direkt vom jeweiligen Verbraucher geregelt wird, unterliegen netzgeführte Ausführungen den Regelungen eines kommerziellen Energieversorgers. Im Verbund bilden mehrere Exemplare ein sog. „virtuelles Kraftwerk", welches sich nach dem zeitlichen Energiebedarf der Verbraucher richtet. Ein solches Blockheizkraftwerk eignet sich somit nicht für den privaten Sektor.

4. Bestehende und potenzielle Einsatzmöglichkeiten

Da das Blockheizkraftwerk im Betrieb sowohl Strom und auch Wärme bereitstellt, ist die Nutzung einer solchen Anlage sinnvoll, wenn beide Energieformen tatsächlich genutzt werden. Wie bereits genannt, existieren Systemausführungen, welche sich auf Kosten der Effizienz auf eine Form fokussieren.

---

[13] **Scon-marketing GmbH** (Hrsg., 2017): Die verschiedenen Betriebsarten von BHKW. Der wärmegeführte Betrieb eines BHKW.
https://ihr-bhkw.de/betrieb-und-betriebsarten (Stand: 16.09.17)

4.1 Öffentliche Gebäude

Da es sich bei öffentlichen Gebäuden meist um größere Objekte handelt, ist vor allem hier durch den hohen Wärmebedarf ein Blockheizkraftwerk sinnvoll. Zutreffend wären Rathäuser, Ämter und Gerichte, aber auch Schulen mit Turnhallen. Besonders günstige Voraussetzungen finden sich in einem Schwimmbad: es besteht ein kontinuierlich hoher Bedarf an Warmwasser für die Becken, außerdem kann der erzeugte Strom für die Pumpsysteme und die Hauselektronik verwendet werden. Generell eignen sich alle größeren Sporteinrichtungen, wie etwa Sporthallen oder Stadien. Weitere potenzielle Einsatzorte stellen Einrichtungen des öffentlichen Nahverkehrs, sowie Bahn- und Flughäfen dar. Aber auch bei der Versorgungstechnik sind Blockheizkraftwerke nützliche Lieferanten von Prozesswärme, etwa für kleinere Fernwärmenetze oder Kläranlagen.[14]

4.2 Gewerblicher/ industrieller Einsatz

Auch im kommerziellen Sektor ist ein Blockheizkraftwerk für Betriebe mit hohem Bedarf an thermischer Energie interessant. Verwendung finden sie bereits bei der Bereitstellung von Fernwärme, meist in Verbindung mit einer Biogasanlage. Natürlich ist der Einsatz eines BHKW auch in anderen Branchen denkbar, in denen große Hitze bzw. Wärme über einen längeren Zeitraum benötigt wird.[15] Betriebe des Gaststättengewerbes, wie zum Beispiel Hotels, Pensionen oder Rasthäuser, zeichnen sich durch viele Gästezimmer bzw. große Speisesäle mit hohem Wärmebedarf aus. Aber auch Einkaufszentren, Supermärkte, Möbelhäuser und Banken verfügen meist über viele hundert Quadratmeter Verkaufsfläche, welche ständig beheizt werden muss.[16] Der parallel erzeugte Strom hilft zusätzlich, die Betriebskosten zu senken, da er eingespeist oder direkt verwendet werden kann.

---

[14] Suttor 2009, S.11

[15] **Blockheizwerk.com** (Hrsg., 2016): Blockheizkraftwerke für den industriellen Einsatz. Breit gefächerte Anwendungsbereiche.
http://www.blockheizwerk.com/allgemeines/industrieller-einsatz/ (Stand: 10.09.17)

[16] Suttor 2009, S.12

4.3 Private Verwendung

Blockheizkraftwerke erfreuen sich wachsender Beliebtheit bei der Wahl des richtigen Heizsystem im Eigenheim. Da die bereitgestellte Leistung einer herkömmlichen Anlage den Verbrauch eines Privathaushaltes bei weitem überstieg, kamen deutlich kleinere Systeme auf den Markt, welche trotz Drosselung noch immer mit hohem Wirkungsgrad Energie bereitstellen. Bedeutsame Einsatzobjekte sind nach wie vor Mehrfamilienhäuser und Heime. Auch Einfamilienhäuser mit hohem Energiebedarf (über 30.000 $kWh_{thermisch}$/a kommen für die Verwendung eines BHKW infrage.[17] Allerdings muss beachtet werden, dass private Wohngebäude schlicht aufgrund ihrer vergleichsweise geringen Größe meistens einen zu geringen Wärmeverbrauch haben, wodurch die Verwendung eines Blockheizkraftwerkes nicht rentabel ist. In diesem Fall ist der Zusammenschluss von mehreren Privathaushalten zur gemeinsamen Nutzung einer Anlage sinnvoll.

5. Vergleich mit anderen Heizsystemen

Blockheizkraftwerke stechen durch eine Reihe von Vorteilen von konventionellen Systemen hervor. Zunächst ist die relativ hohe Rentabilität eines Blockheizkraftwerkes zu nennen. Wichtig sind bei dieser Betrachtung jedoch die Größe und das Leistungspotenzial der jeweiligen Anlage; je mehr Energie bereitgestellt wird, desto rentabler der Betrieb. So reichen die erzielten Renditen von sechs bis hin zu 25%. Für den Eigentümer spiegelt sich dies in einer Amortisationszeit von maximal zehn Jahren wieder.[18] Herr W. bestätigte dies am Beispiel seiner Anlage; sie würde sich seiner Einschätzung nach in acht bis zehn Jahren [nach der Anschaffung] amortisiert haben.[19]

Die herausragende Effizienz wurde bereits vom Staat erkannt, weshalb eine Reihe von Förderprogrammen starteten, um die Anschaffung von Blockheizkraftwerken vor allem im privaten Bereich zu erleichtern. Zu nennen sind hier die sog. KWK- Förderung, bei welcher der Heizkraftwerkseigentümer vom Netzbetreiber eine Vergütung für den Eingespeisten Strom erhält. Von der Verwendung der erzeugten elektrischen Energie abhängig werden ca. vier Cent pro Kilowattstunde ausgezahlt, bei der Netzeinspeisung

---

[17] Ebd., S. 11 und 13
[18] **Scon-marketing GmbH** (Hrsg., 2017): Welche Vor- und Nachteile haben BHKW?. BHKW- wirtschaftlich rentabel.
https://ihr-bhkw.de/vorteile-bhkw#! (Stand: 16.09.17)
[19] Vgl. Interview im Anhang

erhält der Betreiber seit Anfang 2017 einen staatlichen Zuschuss von 8 Cent pro Kilowattstunde.[20] Daneben fördert die KfW (Kreditanstalt für Wiederaufbau) mit ihrem sog. „Programm 433" vor allem kleine Blockheizkraftwerke in Ein- und Zweifamilienhäusern. Im Mittelpunkt stehen hier die Kosten für den Einbau, der Vollwartungsvertrag über zehn Jahre, als auch Beratungsleistungen.[21] Auch Herr W. entschied sich zur Inanspruchnahme einer solchen Förderung: „Als wir uns für dieses Heizsystem entschieden, bot die KfW Darlehen speziell zur finanziellen Unterstützung bei der Anschaffung von KWK-Anlagen an. Mithilfe dieses Kredites konnte die Investition realisiert werden."[22]

Auch auf die Frage nach Umweltschutz und Ressourcenschonung kann das BHKW eine zufriedenstellende Antwort geben. Wie der hohe Wirkungsgrad von teilweise über 90% verdeutlicht, werden die primären Energieträger zu großen Teilen in nutzbare Energien umgewandelt, was den Verbrauch ebendieser reduziert.

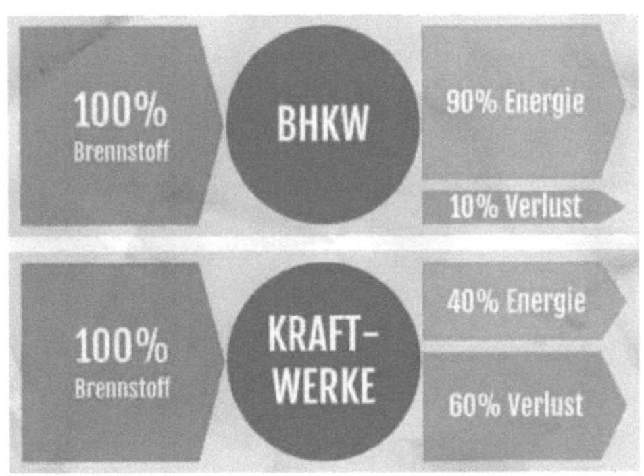

Abbildung 3: Wirkungsgrad eines BHKW im Vergleich mit einem konventionellen Kraftwerk

Außerdem liegt der durchschnittliche CO_2- Ausstoß rund 33% unter den Emissionswerten herkömmlicher Heizsystemen, was mit der Anwendung des KWK- Prinzips zu be-

---

[20] **EW Energy World GmbH** (Hrsg., 2017): Staatliche BHKW-Förderung für Blockheizkraftwerke. Die KWK-Förderung.
https://ew-energy-world.de/blockheizkraftwerke/staatliche-foerderung-fuer-blockheizkraftwerke/ (Stand: 16.09.17)
[21] **EW Energy World GmbH** (Hrsg., 2017): Staatliche BHKW-Förderung für Blockheizkraftwerke. KfW-Förderung – Programm 433.
https://ew-energy-world.de/blockheizkraftwerke/staatliche-foerderung-fuer-blockheizkraftwerke/ (Stand: 16.09.17)
[22] Vgl. Interview im Anhang

gründen ist.[23] Blockheizkraftwerke bieten zudem noch die Möglichkeit, regenerative Brennstoffe wie etwa Biogas oder Kraftstoffe auf pflanzlicher Basis, zu verwenden. Aber auch die Kraft-Wärme-Kopplung macht das System für viele Interessenten attraktiv, da sowohl Wärme als auch Strom gleichzeitig bereitgestellt werden. Natürlich ist dies auch mit anderen Heizungen zu bewerkstelligen, jedoch nur mit zusätzlichen Geräten, was mit höheren Kosten und geringerer Effizienz gleichzusetzen ist. Ein Wunsch vieler Hausbesitzer ist die Unabhängigkeit von Energieversorgern und deren Preispolitik. Die Strompreise in Deutschland steigen -sehr zum Unmut die Verbraucher- seit Jahre stetig an. Laut einem Artikel der Bundestagsfraktion „Bündnis 90/Die Grünen" nennt die Partei als Ursachen unter anderem die Prämien bei der Selbstvermarktung von erneuerbaren Energien, sowie die gestiegenen Importkosten von fossilen Rohstoffen.[24] Mit der Benutzung eines Blockheizkraftwerkes wird man zum Selbstversorger und muss keinen bzw. wenig Strom hinzukaufen. Das Blockheizkraftwerk der Familie W. konnte diesen Aspekt bereits realisieren: Anfallende Elektrizität könne direkt genutzt werden, da sich da die elektrische Leistung nahe am durchschnittlichen Stromverbrauch läge. Bei einer Überproduktion würde Strom in die öffentliche Stromversorgung eingespeist werden.[25] Im Gegenzug profitiert der BHKW-Betreiber jedoch von steigenden Energiekosten, da sich diese proportional auf die Einspeisevergütung des produzierten Stroms auswirken.[26] Auch wenn Photovoltaikanlagen und Windkraftwerke umweltfreundlichen Strom erzeugen, ist ihre Leistungsfähigkeit sehr von den Wetterverhältnissen abhängig. 2016 betrug die durchschnittliche Anzahl an Sonnenstunden in Deutschland rund 1585 Stunden[27], wobei Wolkenbildungen und schwaches Sonnenlicht die Leistung weiter einschränken. Windkraftanlagen sind darüber hinaus nur in sog. „windhöffigen" Gebieten sinnvoll, d.h. es muss ein gewisser Grundprozentsatz an Windstunden gewährleistet sein. Die DISA Energy GmbH nennt hierfür drei potenzielle Standortzonen, von denen die rentabelste die „Küstenregionen Schleswig-Holsteins und des

---

[23] **Scon-marketing GmbH** (Hrsg., 2017): Welche Vor- und Nachteile haben BHKW?. Umweltschutz.
https://ihr-bhkw.de/vorteile-bhkw#! (Stand: 16.09.17)
[24] **Bündnis 90/Die Grünen Bundestagsfraktion** (Hrsg., 2012): HINTERGRUND >>Warum der Strompreis tatsächlich steigt. Tatsächliche Gründe für den steigenden Strompreis.
https://www.gruene-bundestag.de/fileadmin/media/gruenebundestag_de/themen_az/energie/PDF/Strompreise.pdf (Stand: 16.09.17)
[25] Vgl. Interview im Anhang
[26] **Scon-marketing GmbH** (Hrsg., 2017): Welche Vor- und Nachteile haben BHKW?. Unabhängigkeit von Stromversorgern.
https://ihr-bhkw.de/vorteile-bhkw#! (Stand: 16.09.17)
[27] **Statista** (Hrsg., 2017): Anzahl der Sonnenstunden in Deutschland nach Bundesländern im Jahr 2016.
https://de.statista.com/statistik/daten/studie/249925/umfrage/sonnenstunden-im-jahr-nach-bundeslaendern/ (Stand: 17.09.17)

nördlichen Niedersachsens und Höhenlagen einiger Mittelgebirge und Gipfelregionen der Alpen" umfasst.[28] Im Gegensatz dazu ist ein Blockheizkraftwerk nicht von Wetterperioden abhängig, kann aber außerdem von Unwetterkapriolen, aufgrund seiner hauptsächlichen Anwendung in Gebäuden, nicht negativ beeinflusst werden. Solange Brennstoff verfügbar ist, generiert die Anlage kontinuierlich Energie. Selbst bei einem Stromausfall, oder einer Störung in der öffentlichen Energieversorgung, ist man dank seines eigenen, dezentralen Kraftwerkes nicht betroffen. Ein bis dato offenes Problem bei der klassischen Versorgung mit Elektrizität und Wärme durch zentrale Großkraftwerke, sind die mitunter hohen Übertragungsverluste vom Kraftwerk zu den Endverbrauchern. Freileitungen, welche für die Energieverteilung im Land eingesetzt werden, sind mit einer durchschnittlichen Verlustleistung von wenigen Prozent pro 100 Kilometer Übertragung konfrontiert, bedingt durch z.B. ohmsche Verluste.[29] Bei der Versorgung von thermischer Energie durch Fernwärmeleitungen sind die Übertragungsverluste weit dramatischer: Bei einer Übertragung von 50 Kilometern kommt es zu Wärmeverlusten von ca. 20%, bei 100 Kilometern sind bereits 50% der Nutzwärme verloren.[30] Hier macht sich der Standort des Blockheizkraftwerkes bezahlt, Leitungen von derartiger Länge entfallen. Die dezentrale Energieversorgung stellt einen in sich abgeschlossenes Kreislauf dar: die vor Ort erbrachte Leistung kann direkt in das Versorgungssystem des Gebäudes eingespeist werden, was Übertragungsverluste nahezu beseitigt. Allerdings sind der Betrieb bzw. die Anschaffung eines Heizkraftwerkes besonders im privaten Gebrauch nicht nur mit Vorteilen für den Betreiber verbunden. Der für Kaufinteressenten wohl gravierendste Nachteil besteht in den teilweise enormen Anschaffungskosten. Neben der eigentlichen Anlage kommt der Käufer zusätzlich noch für Nebenkosten auf, beispielsweise die Integration in die Stromverkabelung und das hydraulische Heizsystem des Hauses, oder zusätzliche Vorrichtungen wie einen Pufferspeicher. Somit ergäbe sich für ein Mikro-BHKW eine Gesamtrechnung von 20.000€ bis 25.000€.[31]

---

[28] **DISA Energy GmbH** (Hrsg., 2017): Standortfaktoren für Windanlagen. Hauptentscheidungskriterien für die Entwicklung von Windparkprojekten.
http://www.disa-energy.de/?page=1,1,2,Standortfaktoren+f%FCr+Windanlagen (Stand: 17.09.17)
[29] **Dr. Paschotta, Rüdiger** (Hrsg., 2010): Hochspannungsleitungen.
https://www.energie-lexikon.info/hochspannungsleitung.html (Stand: 17.09.17)
[30] **Dipl.-Ing. Wagner, Alexander** (Hrsg., 2012): Wärmeverluste von Fernwärmenetzen
Stellenwert von Fernwärme / KWK im EEWärmeG. Beitrag der Nennweiten zu den gesamten Wärmeverlusten.
http://www.waermeschutztag.de/media/pdf/wtag2012/Vortrag-01-TG.pdf (Stand: 17.09.17)
[31] **Scon-marketing GmbH** (Hrsg., 2017): So viel kosten BHKW in der Anschaffung und im Betrieb. Wo liegen die BHKW Preise?.
https://ihr-bhkw.de/bhkw-preise-und-kosten (Stand: 18.09.17)

Um eine maximale Effizienz zu gewährleisten, und um die Kosten pro erzeugter Kilowattstunde so gering, wie möglich zu halten, sollte das Blockheizkraftwerk nie ausgeschaltet werden. Um dies zu erreichen empfiehlt es sich, vor der Anschaffung den minimalen Energiebedarf zu errechnen, und das System dementsprechend zu dimensionieren. Somit ist immer ausreichend Strom und Wärme gewährleistet. Im Falle einer Überproduktion steht man jedoch vor dem Problem der Zwischenspeicherung: Während elektrische Energie ohne großen Aufwand und gewinnbringend in das öffentliche Netz eingespeist werden kann, gestaltet sich das Lagern thermischer Energie als deutlich komplizierter und verlustreicher. Möglich wäre dies mittels eines Pufferspeichers bzw. Spitzenlastkessels. Eine absolute Unabhängigkeit bezüglich der Energieversorgung wird man selbst mit einem BHKW niemals erreichen, da es wie alle Heizsysteme Brennstoff benötigt und somit an die aktuellen Marktpreise gebunden ist. Doch grade im Hinblick auf Anlagen, welche ausschließlich auf fossilen Energieträgern basieren, können Blockheizkraftwerke mit einer weitaus breiteren Auswahl an Brennstoffen betrieben werden. So ist einem Artikel der Tarifvergleich-Plattform „Tarifo" zu entnehmen, es ließe sich allgemein feststellen, dass Gaskunden in Deutschland mit einem Wechsel zu günstigen Biogastarifen ihre Gasrechnung um rund 10 Prozent reduzieren könnten.[32]

6. Betrachtung der Wirtschaftlichkeit

Wirtschaftlichkeitsrechnungen sind, wie bei allen größeren Investitionen, auch bei einem Blockheizkraftwerk unabdinglich, um Aussagen über die zukünftige Rentabilität der Anlage zu treffen. Grundsätzlich gilt, dass ein Blockheizkraftwerk nur wirtschaftlich arbeitet, sobald durch den Selbstverbrauch der produzierten Energie sowie der Einspeisung des Stroms in das öffentliche Netz, Einsparungen gegenüber der Verwendung von konventionellen Heizsystemen entstehen. Hierbei sei zu beachten, dass diese Kalkulierung erheblich von den veränderlichen Energiebezugs- und Einspeisetarifen des jeweiligen Energieversorgers beeinflusst wird.[33] Um die Energiegestehungskosten des Systems zu bestimmen, bedarf es einer Rechnung, welche die Gesamtkosten der Energieerzeugung in einem bestimmten Zeitraum der gesamten Energiemenge in ebendiesem Zeitraum gegenüberstellt. Da sich die Kosten für Strom- bzw. Wärmegewinnung bei KWK-

---

[32] **Smartivo GmbH** (Hrsg., 2017): Gasversorgung mit Biogas – eine Alternative zu Erdgas?. Ein Preisvergleich zeigt: Biogas nicht teurer als Erdgas.
https://tarifo.de/news/1869-gasversorgung-mit-biogas-alternative-zu-erdgas/ (Stand: 21.09.17)
[33] Klingebiel 2009, S.46

Anlagen nur schwer separat betrachten lassen, muss bei der Berechnung der einen Energieform die jeweils andere in Form einer Gutschrift beachtet werden, welche die Gesamtkosten beeinflusst:

$$\text{Wärmegestehungskosten} \left[\frac{\text{€}}{\text{kWh}_{thermisch}} \right] = \frac{Gesamtkosten - Stromgutschrift}{Wärmemenge}$$

Mit:

- <u>Wärmegestehungskosten:</u> Nach Berücksichtigung aller Kosten und Vergütungen ermittelter Preis in Euro pro Kilowattstunde thermischer Energie.
- <u>Gesamtkosten:</u> Jährliche Kosten der Energieversorgung, beinhaltet Investitions-, Instandhaltungs-, Betriebs- und Brennstoffkosten.
- <u>Stromgutschrift:</u> Wert des erzeugten Stroms, ermittelt aus vermiedenen Bezugs- kosten, sowie der Einspeisevergütung nach dem jeweiligen Tarif
- <u>Wärmemenge:</u> Jährliche, vom BHKW erzeugte Wärmemenge

Analog lässt sich die Formel gleichermaßen für die Berechnung der Stromgestehungs- kosten umwandeln:

$$\text{Stromgestehungskosten} \left[\frac{\text{€}}{\text{kWh}_{elektrisch}} \right] = \frac{Gesamtkosten - Wärmegutschrift}{Stromproduktion}$$

Die Parameter müssen entsprechend angepasst werden.[34] Letztendlich sollten die Pro- duktionskosten für eine Kilowattstunde thermischer/elektrischer Energie geringer als die des konventionellen Heizsystems sein. Die Instandhaltungskosten können sich mitunter relativ stark bei den Gesamtkosten bemerkbar machen. Bei Abschluss eines Vollwar- tungsvertrages, welcher bei einigen Förderprogrammen mitfinanziert wird, garantieren Wartungsbetriebe die Funktionsfähigkeit der Anlage gewissermaßen. Abgerechnet wird üblicherweise pro produzierte Kilowattstunde elektrische Energie, die Tarife bei Mini- BHKW liegen hier bei ca. zwei bis drei Cent/kWh$_{elektrisch}$.[35] Daneben ist die wirtschaftli- che Nutzungsdauer der Anlage von Bedeutung. Ein Betrieb von zehn bis 15 Jahre ist bei heutigen Blockheizkraftwerken durchaus plausibel, doch können verschiedene Einflüs-

---

[34] Klingebiel 2009, S. 47
[35] Ebd., S. 47

se, wie etwa negative Entwicklungen bei der Strom- oder Brennstoffpreisentwicklung; oder innovativere Techniken dafür sorgen, dass der rentable Betrieb des Systems nicht mehr gewährleistet ist.

7. Fazit

Abschließend betrachtet, lässt sich das Heizungssystem Blockheizkraftwerk als wirtschaftlich und ökologisch sinnvolle Alternative zu konventionellen Heizungen charakterisieren. Die Verwendung der Kraft-Wärme-Kopplung trägt zudem nicht unerheblich zur Steigerung der Effizienz, sowie der parallelen Bereitstellung von elektrischem Strom bei. Durch die Investition in diese Anlage, leistet der Eigentümer seinen persönlichen Beitrag zu Reduzierung klimaschädlicher Treibhausgasemissionen und zu einem verantwortungsbewussten Umgang mit fossilen Energieträgern. Während zu Beginn der KWK-Anlagen, aufgrund deren Dimensionen und Anschaffungskosten, nur große Verbraucher wie zum Beispiel Industrie und Gewerbe infrage kamen, hat sich über die Jahre ein deutlicher Wandel bei den Herstellern vollzogen: Kleinere, kompaktere und vor allem günstigere Systeme wurden auf den Markt gebracht. Somit sind Blockheizkraftwerke heute für eine wesentlich breitere Zielgruppe attraktiv, gerade für die private Verwendung im eigenen Haushalt. Möglicherweise steht in Zukunft die Technologie für eine noch effizientere und umweltverträglichere Wärmegewinnung zur Verfügung. Getestet wird momentan die Verwendung von Brennstoffzellen anstelle eines herkömmlichen Verbrennungs- oder Stirlingmotors im BHKW-Modul. Die Vorzüge dieser biochemischen Energiegewinnung zeigen sich bei wasserstoffbasierten Ausführungen in einer emissionsfreien Arbeitsweise. Da so gut wie keine mechanischen Teile verbaut werden müssen, kann eine besonders wartungsarmer Betreib gewährleistet werden.[36] Blockheizkraftwerke mit Brennstoffzellen stehen bisher noch nicht auf demselben Entwicklungsstand, wie Module mit konventionelle Motoren, weshalb sie noch nicht massentauglich für den Markt sind. Dennoch werden sie in Zukunft sicherlich eine bedeutende Rolle bei der umweltverträglichen Beheizung spielen.

---

[36] Klingebiel 2009, S.27

8. Literaturverzeichnis

Klingebiel, Maria: Blockheizkraft. Kleine Blockheizkraftwerke, Technik, Planung und Genehmigung, 6. Auflage, Stuttgart 2009

Suttor, Wolfgang: Das Mini-Blockheizkraftwerk. Eine Heizung, die auch Strom erzeugt, 5. Auflage, Heidelberg 2009

9. Internetverzeichnis

AG Energiebilanzen e.V. (Hrsg., 2017): Struktur der Stromerzeugung in Deutschland 2016.
https://www.strom-magazin.de/bilder/stromerzeugung-2016_0000w1000_6877.jpg (Stand: 01.10.2017)

Blockheizwerk.com (Hrsg., 2016): Blockheizkraftwerke für den industriellen Einsatz. Breit gefächerte Anwendungsbereiche.
http://www.blockheizwerk.com/allgemeines/industrieller-einsatz/ (Stand: 10.09.2017)

Bundeszentrale für politische Bildung (Hrsg.,2017): Vom Menschen gemacht. Zuordnung der Treibhausgase zu menschlichen Aktivitäten.
http://www.bpb.de/gesellschaft/umwelt/klimawandel/38441/anthropogener-treibhauseffekt (Stand: 10.09.2017)

Bundesministerium für Umwelt, Naturschutz, Bau und Reaktorsicherheit (Hrsg., 2005): Blauer Engel für Klimaschutz und Energieeinsparung. Neue Umweltzeichen für gasbetriebene Wärmepumpen und für Mini-Blockheizkraftwerke.
http://www.bmub.bund.de/pressemitteilung/blauer-engel-fuer-klimaschutz-und-energieeinsparung/ (Stand: 10.09.2017)

Bündnis 90/Die Grünen Bundestagsfraktion (Hrsg., 2012): HINTERGRUND >>Warum der Strompreis tatsächlich steigt. Tatsächliche Gründe für den steigenden Strompreis.
https://www.gruene-bundes-tag.de/fileadmin/media/gruenebundestag_de/themen_az/energie/PDF/Strompreis e.pdf (Stand: 16.09.2017)

Christian Münch GmbH (Hrsg., 2016): Blockheizkraftwerk. Funktionsweise und Nutzungsmöglichkeiten.
http://www.blockheizkraftwerk.org/ (Stand: 06.09.2017)

Christian Münch GmbH (Hrsg., 2016): Blockheizkraftwerk. Leistungsbereiche.
http://www.blockheizkraftwerk.org/ (Stand: 07.09.2017)

Christian Münch GmbH (Hrsg., 2016): Blockheizkraftwerke mit Stirlingmotor. Wirkungsgrad und Vorteile.
http://www.blockheizkraftwerk.org/stirlingmotor (Stand: 07.09.2017)

Christian Münch GmbH (Hrsg., 2016): Mikro-BHKW.
http://www.blockheizkraftwerk.org/mikro-bhkw (Stand: 08.09.2017)

Christian Münch GmbH (Hrsg., 2016): Mini-BHKW. Komponenten und Funktionsweise.
http://www.blockheizkraftwerk.org/mini-bhkw (Stand: 11.09.2017)

DISA Energy GmbH (Hrsg., 2017): Standortfaktoren für Windanlagen. Hauptentscheidungskriterien für die Entwicklung von Windparkprojekten.
http://www.disa-energy.de/?page=1,1,2,Standortfaktoren+f%FCr+Windanlagen
(Stand: 17.09.2017)

Dipl. -Ing. Wagner, Alexander (2012): Wärmeverluste von Fernwärmenetzen, Stellenwert von Fernwärme / KWK im EEWärmeG. Beitrag der Nennweiten zu den
gesamten Wärmeverlusten.
http://www.waermeschutztag.de/media/pdf/wtag2012/Vortrag-01-TG.pdf
(Stand: 17.09.2017)

Dr. Paschotta, Rüdiger (2010): Hochspannungsleitungen.
https://www.energie-lexikon.info/hochspannungsleitung.html (Stand:
17.09.2017)

EW Energy World GmbH (Hrsg., 2017): Staatliche BHKW-Förderung für Blockheizkraftwerke. Die KWK-Förderung.
https://ew-energy-world.de/blockheizkraftwerke/staatliche-foerderung-fuer-
blockheizkraftwerke/ (Stand: 16.09.2017)

EW Energy World GmbH (Hrsg., 2017): Staatliche BHKW-Förderung für Blockheizkraftwerke. KfW-Förderung – Programm 433.
https://ew-energy-world.de/blockheizkraftwerke/staatliche-foerderung-fuer-
blockheizkraftwerke/ (Stand: 16.09.2017)

Scon-marketing GmbH (Hrsg., 2017): Die verschiedenen Betriebsarten von BHKW.
Der stromgeführte Betrieb eines BHKW.
https://ihr-bhkw.de/betrieb-und-betriebsarten (Stand: 16.09.2017)

Scon-marketing GmbH (Hrsg., 2017): Die verschiedenen Betriebsarten von BHKW.
Der wärmegeführte Betrieb eines BHKW.
https://ihr-bhkw.de/betrieb-und-betriebsarten (Stand: 16.09.2017)

Scon-marketing GmbH (Hrsg., 2017): So viel kosten BHKW in der Anschaffung und
im Betrieb. Wo liegen die BHKW Preise?.
https://ihr-bhkw.de/bhkw-preise-und-kosten (Stand: 18.09.2017)

Scon-marketing GmbH (Hrsg., 2017): Welche Vor- und Nachteile haben BHKW?.
BHKW- wirtschaftlich rentabel.
https://ihr-bhkw.de/vorteile-bhkw#! (Stand: 16.09.2017)

Scon-marketing GmbH (Hrsg., 2017): Welche Vor- und Nachteile haben BHKW?.
Umweltschutz.
https://ihr-bhkw.de/vorteile-bhkw#! (Stand: 16.09.2017)

Scon-marketing GmbH (Hrsg., 2017): Welche Vor- und Nachteile haben BHKW?. Unabhängigkeit von Stromversorgern.
https://ihr-bhkw.de/vorteile-bhkw#! (Stand: 16.09.2017)

Smartivo GmbH (Hrsg., 2017): Gasversorgung mit Biogas – eine Alternative zu Erdgas?. Ein Preisvergleich zeigt: Biogas nicht teurer als Erdgas.
https://tarifo.de/news/1869-gasversorgung-mit-biogas-alternative-zu-erdgas/ (Stand: 21.09.2017)

Statista (Hrsg., 2017): Anzahl der Sonnenstunden in Deutschland nach Bundesländern im Jahr 2016.
https://de.statista.com/statistik/daten/studie/249925/umfrage/sonnenstunden-im-jahr-nach-bundeslaendern/ (Stand: 17.09.2017)

10. Abbildungsverzeichnis

Abbildung 1: Foesta Consulting GmbH (Hrsg. 2011): BHKW. Funktionsweise Blockheizkraftwerk (BHKW).
http://www.foesta.de/Seite/wwwEnergie/pdfs/BHKW.jpg (Stand: 06.09.2017)

Abbildung 2: Eigenes Bild: Mini-BHKW-Modul von Familie W. (Stand: 14.10.2017)

Abbildung 3: Scon-marketing GmbH (Hrsg., 2017): Welche Vor- und Nachteile haben BHKW?. Umweltschutz.
https://ihr-bhkw.de/images/BHKW/bhkw-kraftwerke-vergleich_wirkungsgrad.jpg
(Stand: 18.09.2017)

11. Anhang

Interview mit Herrn M. W.

F: Weshalb haben Sie sich für den Betrieb eines Blockheizkraftwerkes entschieden?

W: Unser altes Heizsystem, welches aus elektrischem Strom Wärme bereitstellte, hatte einen Defekt. Der Weiterbetrieb war nicht mehr möglich und eine neue Anlage musste angeschafft werden. Wir entschieden uns schließlich für ein Blockheizkraftwerk, da gemäß seiner Technologie neben Nutzwärme für den Haushalt zusätzlich Strom produziert wird.

F: Wurde das BHKW bereits bei der Gebäudeplanung vor dem Bau berücksichtigt, oder erst nachträglich eingebaut?

W: Das Blockheizkraftwerk wurde erst im Nachhinein eingebaut.

F: Wie haben Sie die Anschaffung finanziert? Wurde eine Förderung in Anspruch genommen?

W: Als wir uns für dieses Heizsystem entschieden, bot die KfW Darlehen speziell zur finanziellen Unterstützung bei der Anschaffung von KWK-Anlagen an. Mithilfe dieses Kredites konnte die Investition realisiert werden.

F: Welche Leistung kann Ihre Anlage aufbringen, und welche Ausführung betreiben Sie?

W: Unser BHKW fällt unter die Größenordnung der Mikro-Blockheizkraftwerke. Mit momentan 5,3kW elektrischer Leistung und 14kW thermischer Leistung haben wir uns zusätzlich für eine wärmegeführte Ausrichtung entschieden, die Anlage soll ja hauptsächlich als Heizung fungieren.

F: Speisen Sie erzeugten Strom in das öffentliche Netz ein, oder dient das System ausschließlich dem Eigenbedarf?

W: Das Blockheizkraftwerk dient tatsächlich primär dem Eigenbedarf. Die elektrische Leistung der Anlage liegt sehr nahe an unserem durchschnittlichen Stromverbrauch, daher wird anfallender Strom in der Regel direkt genutzt. Bei einer Überproduktion speisen wir Strom auch in die öffentliche Stromversorgung ein.

F: Wie lange ist Ihr BHKW normalerweise im Betrieb?

W: Wir bemühen uns um möglichst lange Laufzeiten, um die Effizienz so hoch wie möglich zu halten, und um unnötige Ab- und Anschaltvorgänge zu verhindern, damit der Motor des Systems nicht in Mitleidenschaft gezogen wird. Parallel ist ein Pufferspeicher mit 1000 Liter Fassungsvermögen in Betrieb, welcher Warmwasser mit Temperaturen von bis zu 75°C speichern kann. Die täglichen Betriebsstunden variieren je nach Jahreszeit, im Sommer arbeitet das Blockheizkraftwerk bestimmt nur drei bis vier Stunden; im Winter ist der Wärmebedarf natürlich wesentlich höher, weshalb das System dann 12- 14 Stunden am Tag eingeschaltet ist. Auf das ganze Jahr betrachtet, würde ich im Mittel von ca. 2500 Betriebsstunden ausgehen.

F: Für welche Brennstoffart haben Sie sich entschieden?

W: Wir verwenden Heizöl, denn es gibt in unserem Wohngebiet keinen Erdgasanschluss. Ein Blockheizkraftwerk mit Gas als Brennstoff wäre möglicherweise das bessere Modell für uns gewesen.

F: Konnten Sie bereits Vorteile durch die Verwendung dieser Anlage feststellen?

W: Sicher, am dankbarsten sind wir für die Bereitstellung von sowohl Strom als auch Wärme. Wir nutzen den Großteil der elektrischen Energie selbst und speisen den Rest ein. Wenn einmal mehr Elektrizität benötigt wird, speisen wir einfach weniger ein, ohne Strom zusätzlich zukaufen zu müssen. Des Weiteren wird sich das Blockheizkraftwerk nach etwa acht bis zehn Jahren amortisiert haben.

BEI GRIN MACHT SICH IHR WISSEN BEZAHLT

- Wir veröffentlichen Ihre Hausarbeit, Bachelor- und Masterarbeit

- Ihr eigenes eBook und Buch - weltweit in allen wichtigen Shops

- Verdienen Sie an jedem Verkauf

Jetzt bei www.GRIN.com hochladen und kostenlos publizieren